À quoi sert la nomenclature en chimie organique ?

- Trouver le nom d'une molécule en connaissant sa structure
- Trouver la structure d'une molécule en connaissant son nom

Pour cela, un ensemble de règles standardisées existe et permet de s'assurer qu'un nom correspond à une et une seule molécule (l'inverse n'est pas toujours vrai, notamment pour des molécules qui commencent à être assez complexes).

À qui s'adresse ce cahier ?

On pense en premier aux lycéens en classe de terminale qui passent le bac de physique-chimie ou qui doivent passer un concours d'entrée dans une grande école.

Mais le cahier va au-delà du programme de lycée et permettra aussi aux étudiants postbac de réviser la nomenclature et d'acquérir des bases très solides.

Pour ne pas noyer les lycéens avec trop d'informations, les chapitres qui vont bien au-delà des exigences pour le lycée sont repérés par une mention « postbac ».

Comment fonctionne ce cahier ?

Ce cahier n'est pas un simple livre de cours ! Pour en profiter au mieux, munie toi d'un crayon et d'une feuille et réalise les nombreux exercices corrigés au fur et à mesure.

Si tu n'as pas beaucoup d'expérience avec la nomenclature en chimie organique, nous te conseillons de lire ce cahier dans l'ordre et en intégralité. Si tu as déjà des bases, tu peux faire le quiz présent au début du cahier et aller revoir les points spécifiques qui te posent le plus problème.

À toi de jouer !

1. Teste-toi !

1.1. Le quiz

Si tu ne souhaites pas lire la totalité de ce cahier, tu peux réaliser le petit questionnaire d'auto-évaluation qui suit.

À chaque mauvaise réponse, on t'indiquera le chapitre concerné que tu pourras réviser.

Les réponses sont directement à la suite du quiz.

N°	Molécule	Chapitre
A	H_3C——CH_3	N°2 : Les alcanes
B	CH_3 — CH (H_3C, CH_2, CH_3)	N°3.1 : alcanes ramifiés
C	CH_3 — CH (H_3C) — CH (H_3C) — CH_2 — CH_3	N°3.2 : alcanes avec 2 ou + ramifications
D	H_3C, H_3C, CH_2, CH_2, CH_2—C—HC, H_3C, CH_3, CH_2—CH_3	N°3.2 : alcanes avec 2 ou + ramifications
E	H_3C — CH = CH_2 (CH_2)	N°4.1.1 : alcènes
F	H_3C, CH_2, H_2C = C — CH_2 — CH_2 — CH_3	N°4.1.2 : alcènes ramifiés
G	H_2C = CH — CH = CH_2	N°4.1.3 : molécules à plusieurs doubles liaisons

H	H_3C—C≡CH	N°4.2.1 : alcynes
I	H_3C—C≡C—HC (with CH_3 above and CH_3 below on the HC)	N°4.2.2 : alcynes ramifiés
J	HC≡C—C≡C—C≡CH	N°4.2.3 : plusieurs triples liaisons
K	H_3C—CH=CH—C≡CH	N°4.3 : mélange de double et triple liaisons
L	cyclohexane (CH_2 / H_2C / CH_2 / H_2C / CH_2 / CH_2)	N°5.1 : monocycles saturés
M	méthylcyclohexane (CH_2 / H_2C / CH—CH_3 / H_2C / CH_2 / CH_2)	N°5.1 : monocycles saturés
N	cyclohexène (CH=CH / H_2C / H_2C / CH_2 / CH_2)	N°5.2 : monocycles insaturés
O	H_3C—HC (with CH_3 above and OH below)	N°6.2.1 : alcools
P	CH=O ; CH_2—HC ; H_3C ; CH_2—CH_3	N°6.3.1 : aldéhydes

Q		N°6.5 : les acides carboxyliques
R		N°6.6 : les esters
S		N°6.9 : les halogènes
T		N°6.8 : les amides
U		N°6.7 : les amines
V		N°6.4 : les cétones N°6.5 : les acides carboxyliques

1.2. La correction

A) éthane

B) 2-méthylbutane

C) 2,3-diméthylhexane

D) 3,4-diéthyl-3-méthylhexane

E) but-1-ène

F) 2-éthylpent-1-ène

G) Buta-1,3-diène

H) Prop-1-yne

I) 4-méthylpent-2-yne

J) hexa-1,3,5-triyne

K) Pent-3-ène-1-yne

L) cyclohexane

M) méthylcyclohexane

N) cyclohexène

O) Propan-2-ol

P) 2-éthylbutanal

Q) l'acide hexanoïque

R) propanoate de butyle

S) 2-fluoropropane

T) propanamide

U) N,N-diméthyléthanamine

V) Acide 4-oxopentanoïque

2. Hydrocarbures saturés acycliques : les alcanes

Hydrocarbure (HC) : molécule uniquement composée d'atomes de carbone et d'atomes d'hydrogène.

Saturé : Molécule sans double ou triple liaison entre atomes de carbone.

Acyclique : sans cycle, la chaine carbonée est linéaire.

Les alcanes sont les hydrocarbures les plus simples dans leur composition, la chaine sera linéaire et sans ramification.

Exemples d'hydrocarbures (HC) saturés acycliques :

Pour nommer les alcanes, tu dois connaitre le tableau n°1 par cœur. Celui-ci est à la base de la nomenclature en chimie organique, il est donc essentiel de vraiment le maitriser sur le bout des doigts au minimum jusqu'à 8 atomes de carbone.

Nombre d'atomes de carbone	Préfixe
1	méth
2	éth
3	prop
4	but
5	pent
6	hex
7	hept
8	oct
9	non
10	déc
11	undéc

Tableau 1: Préfixes en fonction du nombre d'atomes de carbone

Note :

Ce tableau n'est bien sûr pas exhaustif ! Si besoin, tu trouveras facilement sur internet la suite.

Exemples guidés :

Cette molécule possède 3 atomes de carbones.

D'après le tableau 1, le préfixe est « **prop** » auquel on accole le suffixe « **ane** » utilisé pour les alcanes.

Il s'agit donc du **propane.**

$$H_3C \diagdown^{CH_2} \diagup^{CH_2} \diagdown^{CH_3}$$

Cette molécule possède 4 atomes de carbone.

D'après le tableau 1, le préfixe est « **but** » auquel on accole le suffixe « **ane** » pour les alcanes.

Il s'agit donc du **butane.**

$$H_3C \diagup^{CH_2} {---} CH_2 \diagup^{CH_3}$$

Cette molécule possède 4 atomes de carbone.

D'après le tableau 1, le préfixe est « **but** » auquel on accole le suffixe « **ane** » pour les alcanes.

Il s'agit donc du **butane.**

Note :

Ne te laisse pas distraire par les angles que peuvent former les liaisons lorsqu'on représente une molécule. Représenter une liaison avec un angle de 45°, 90°, 180°, … ne change pas le nom de la molécule.

Entraine toi !

1	H₃C–CH₃ H_3C CH_3
2	CH_4
3	H_3C CH_2 CH_2 CH_2 CH_2 CH_3
4	H_3C CH_2 CH_2 CH_2 CH_2 CH_2 CH_3
5	H_3C CH_2—CH_3
6	H_3C CH_2 CH_2 CH_2 CH_2 CH_2 CH_3
7	H_3C CH_2 CH_2 CH_3

3. Hydrocarbures saturés ramifiés acycliques
3.1. Une seule ramification

Une ramification est un dédoublement de la chaine principale. En terme plus précis, on dit qu'un substituant (ou radical) est accroché à la chaine principale.

Un radical prend une terminaison en « **yle** ». Par exemple, une ramification possédant un atome de carbone (préfixe « **méth** », d'après le tableau n°1) sera une ramification « **méthyle** ».

> **Note :**
> on dit qu'on a une ramification « **méthyle** » mais quand on écrit le nom de la molécule le « e » n'est pas écrit : « **méthyl** ».

Pour nommer un hydrocarbure saturé ramifié acyclique on procède comme ceci :
1. On repère la chaine principale. C'est la chaine qui possède le plus d'atomes de carbone. Cela nous donnera la fin du nom de la molécule.
2. On numérote la chaine principale. Il y a pour cela toujours au moins 2 possibilités. On numérote toujours de telle sorte que la somme des numéros attribuée aux ramifications soit la plus petite possible.
3. On nomme la molécule en commençant par écrire la ou les ramifications, précédée de leur position et d'un tiret («**3-méthyl** »).

Exemples guidés :

$$CH_3$$
$$|$$
$$H_3C \diagdown CH \diagup CH_3$$
$$CH_2$$

1. La chaine carbonée la plus longue contient 4 atomes de carbone. Le préfixe sera donc « **butane** ».

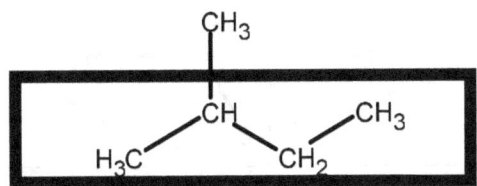

2. Il y a deux manières de numéroter la chaine carbonée principale. Sur la première possibilité, la ramification est portée par l'atome de carbone n°2, sur la deuxième possibilité la ramification est sur l'atome de carbone n°3.

On conserve la numérotation la plus petite possible :

La ramification comporte un atome de carbone et est portée par l'atome de carbone n°2 de la chaine principale. On a donc une ramification « **2-méthyl** »

3. La molécule est du :

2-méthylbutane

Entraine toi !

8	
9	
10	
11	
12	

3.2. Au moins deux ramifications

La méthode employée sera sensiblement la même que lorsqu'on a une seule ramification, avec quelques règles supplémentaires à respecter :

- Les substituants sont placés par ordre alphabétique et séparés par des tirets.
- S'il y a plusieurs fois le même groupe dans la molécule, on utilise un préfixe « multiplicateur » selon le tableau n°2.

Nombre de fois qu'on retrouve le même substituant	Préfixe
2	di
3	tri
4	tétra

Tableau 2: Préfixes dans le cas où on retrouve plusieurs fois le même substituant

Exemple guidé n°1 :

1. La chaine carbonée la plus longue contient 6 atomes de carbones. Le préfixe sera donc « **hexane** ».

---

2. Il y a deux manières de numéroter la chaine carbonée principale. Avec la première possibilité, la somme des indices des ramifications fait 5, avec la deuxième possibilité la somme des indices fait 9.

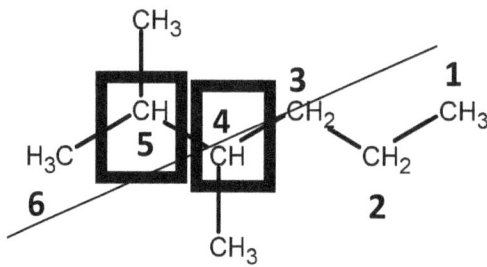

Somme : 2 + 3 = 5

Somme : 4 + 5 = 9

On conserve la numérotation la plus petite :

Il y a 2 ramifications qui comportent chacune un atome de carbone (« **méthyle** ») et sont portées par les atomes de carbone n°2 et n°3 de la chaine principale. On a donc un préfixe « **2,3-diméthyl** ».

3. La molécule est du :

2,3-diméthylhexane

<u>Exemple guidé n°2 :</u>

1. La chaine carbonée la plus longue contient 6 atomes de carbones. Le préfixe sera donc « **hexane** ».

2. Il y a deux manières de numéroter la chaine carbonée principale. Avec la première possibilité, la somme des indices des ramifications fait 10, avec la deuxième possibilité la somme des indices fait 11.

Somme : 3+3+4=10

Somme : 3+4+4=11

On conserve la numérotation la plus petite :

Il y a 3 ramifications au total :
- 2 qui comportent 2 atomes de carbone : « **éthyle** », portées par les atomes de carbone n°3 et n°4. Le préfixe est « **3,4-diéthyl** ». On ajoute « di » car il y a 2 fois la ramification éthyle. Voir le tableau n°2.
- 1 qui comporte 1 atome de carbone « **méthyle** » portée par l'atome de carbone n°3. Le préfixe est « **3-méthyl** ».

On compose le préfixe total qui compose le nom de la molécule en accolant les préfixes dans l'ordre alphabétique et en séparant chaque morceau par des tirets.

Note :

Les préfixes « di », « tri », « tétra » ne sont pas comptabilisés dans l'ordre alphabétique.

Exemple : « **4,5-diméthyl** » se classera après « **3-éthyl** » (le « e » de « éthyle » est avant « m » de méthyle)

Le préfixe de la molécule est donc « **3,4-diéthyl-3-méthyl** »

3. La molécule est du :
   3,4-diéthyl-3-méthylhexane

Entraine toi !

13	
14	
15	
16	
17	

4. Hydrocarbures insaturés acycliques

Insaturé : La molécule possède au moins une double ou une triple liaison entre 2 atomes de carbone.

Exemples en vrac :

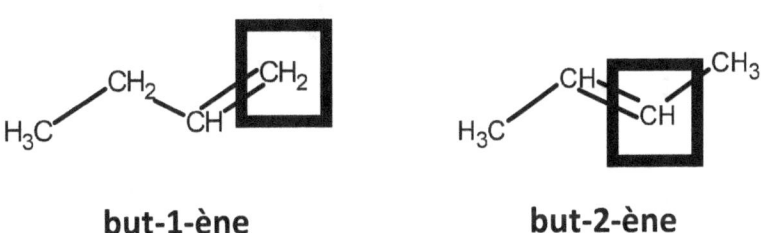

4.3. Doubles liaisons = les alcènes
4.3.1. Les cas simples

Si tu as bien compris comment nommer les alcanes, cette partie devrait être relativement simple. Il n'y aura qu'une petite différence et des petits pièges à éviter.

La terminaison « **ane** » typique des alcanes se transforme en « **ène** ».

Comme la double liaison peut être portée par plusieurs atomes de carbone en général, on devra placer un numéro pour indiquer où elle se situe, de la même manière que l'on devait numéroter les ramifications sur les alcanes.

Exemple :

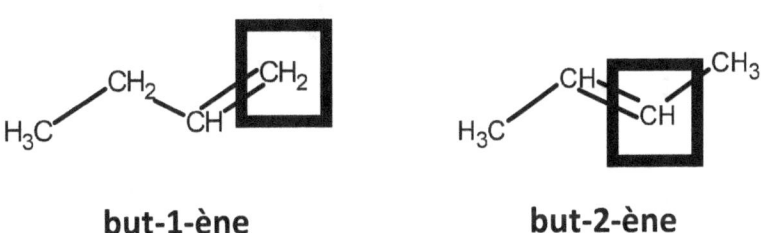

but-1-ène   **but-2-ène**

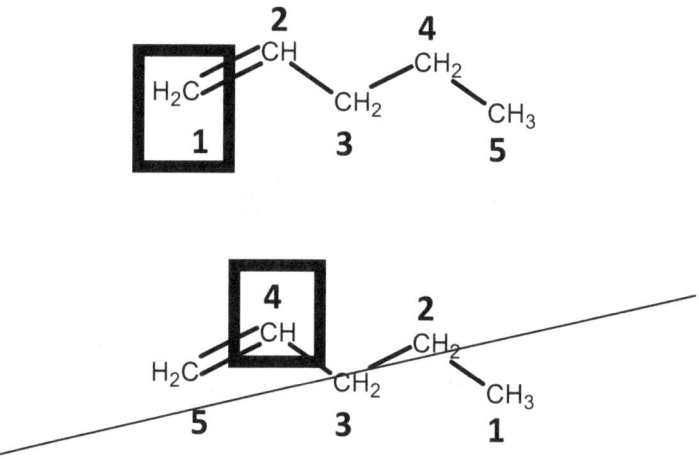

1. La chaine carbonée la plus longue contient 5 atomes de carbone. Le préfixe sera donc « **pent** ».

2. Il y a deux manières de numéroter la chaine carbonée principale. Sur la première possibilité, la double liaison est portée par l'atome de carbone n°1 et sur la deuxième par l'atome n°4.

On conserve la numérotation qui attribue le plus petit numéro à la double liaison :

3. On a donc du « **pent-1-ène** ».

Exemple guidé n°2 :

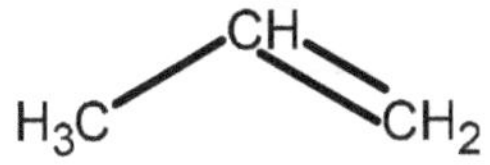

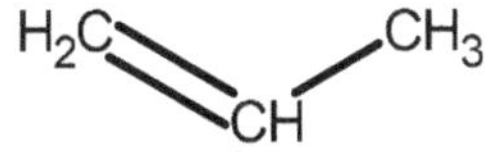

Les 2 molécules ci-dessus possèdent chacune une chaine carbonée de 3 atomes de carbone.
L'insaturation est portée par l'atome de carbone n°1 dans les 2 cas.

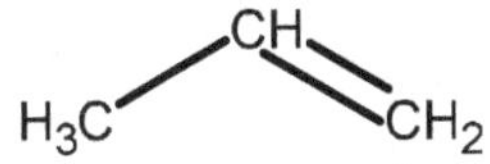

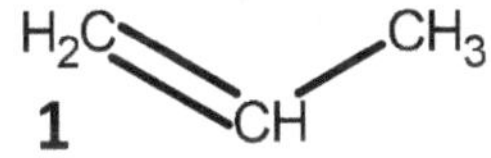

Les 2 molécules sont ici les mêmes : **prop-1-ène.**

Note :

Pour une chaine principale de 3 atomes de carbone, on ne pourra réaliser que du prop-1-ène, le prop-2-ène étant par exemple impossible (nous te laissons t'en convaincre par toi-même, c'est un très bon exercice). Dans le cas où il n'y a pas d'ambiguïté possible, on peut se passer de la numérotation qui devient sous-entendue et appeler la molécule **propène**.

En cas de doute, précise toujours le nom complet.

Entraine toi !

21	H_2C ⟍⟍ CH_2
22	H_3C — CH ⟍⟍ CH_2
23	H_3C — CH ⟍⟍ CH — CH_3
24	H_2C ⟍⟍ CH — CH_2 — CH_3
25	H_3C — CH_2 — CH ⟍⟍ CH — CH_2 — CH_3
26	H_3C — CH_2 — CH_2 — CH_2 — CH_2 — CH ⟍⟍ CH_2
27	H_3C — CH_2 — CH_2 — CH_2 — CH ⟍⟍ CH — CH_3

4.3.2. Cas des alcènes qui possèdent des ramifications

Une règle supplémentaire va s'appliquer : la chaine principale ne sera pas forcément la plus longue chaine carbonée mais celle qui contient le plus d'insaturations.

Exemple guidé :

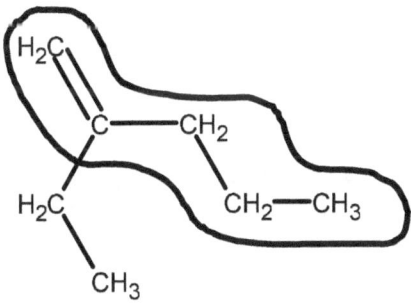

1. La chaine carbonée la plus longue est composée de 6 atomes de carbone, mais la chaine principale qui comporte l'insaturation n'en contient que 5. La molécule sera donc un « **pentène** » et non un « **hexène** »

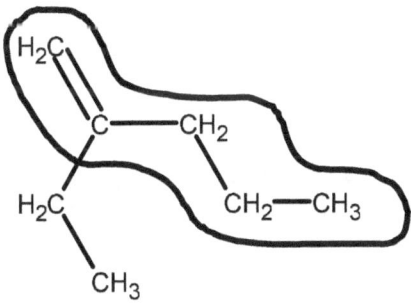

2. On numérote toujours pour que la double liaison ait le plus petit numéro possible.

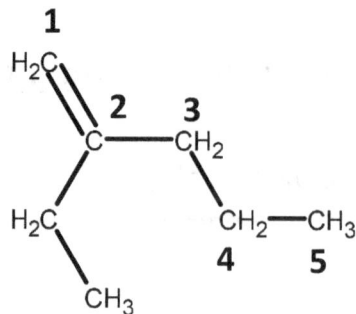

3. On nomme les différentes parties :
   - La ramification « **2-éthyl** »
   - La chaine principale : « **pent-1-ène** »

4. On construit le nom en assemblant : **2-éthylpent-1-ène**

Entraine toi !

28	H_3C $C=CH$ CH_3 CH_3
29	$H_2C=CH$ CH CH_2 CH_3 CH_3
30	CH_3 H_3C CH CH_2 $CH=C$ CH_2 CH_3 CH_3
31	H_3C H_3C CH_2 C CH_2 CH_3 CH $CH=CH_2$ CH_3
32	CH_3 CH_3 H_3C $C=C$ CH CH_3 CH_3 CH_3

4.3.3. Cas des molécules qui possèdent plusieurs doubles liaisons

Lorsqu'une molécule va posséder plusieurs doubles liaisons sur sa chaine principale, on va ajouter un préfixe à la terminaison qui va indiquer combien il y a de doubles liaisons sur la chaine principale de la molécule.

Ces molécules, bien que n'étant pas des alcènes, sont nommées selon les mêmes règles.

Nb de doubles liaisons	Terminaison
2	diène
3	triène

Tableau 3: Préfixes à rajouter en cas de multi doubles liaisons

Exemple guidé :

1. La chaine carbonée la plus longue contient 4 carbones.
2. On numérote :

3. On construit le nom :

« Buta-1,3-diène »

Note :
On rajoute un « a » aux préfixes que tu as l'habitude d'utiliser : « **buta** », « **hexa** », « **penta** », …

Entraine toi !

33	
34	
35	
36	
37	

4.4. <u>Triples liaisons = les alcynes</u>
4.4.1. <u>Les cas simples</u>

Si tu as bien compris comment nommer les alcènes, cette partie sera un jeu d'enfant. La nomenclature utilisera les mêmes principes.
La terminaison « **ane** » typique des alcanes se transforme en « **yne** ».

<u>Exemple guidé :</u>

$$H_3C\!\!-\!\!C\!\equiv\!\!CH$$

1. La chaine principale contient 3 atomes de carbones.
2. La numérotation qui accorde le plus petit numéro à la triple liaison est celle-ci :

$$\underset{\textbf{3}}{H_3C}\!\!-\!\!\underset{\textbf{2}}{C}\!\equiv\!\!\underset{\textbf{1}}{CH}$$

3. On nomme la molécule :
   « Prop-1-yne »

Note :

À noter ici qu'il ne sera pas possible de construire du prop-2-yne, le prop-1-yne est le seul HC qui comporte 3 atomes de carbone et une triple liaison. Dans le cas où il n'y a pas d'ambiguïté on pourra le nommer **propyne** sans préciser le numéro de la triple liaison, qui ne peut être que le 1.
En cas de doute, utilise le nom complet « **Prop-1-yne** ».

Entraine toi !

38	HC≡CH
39	H_3C—C≡C—CH_3
40	CH_2—C≡CH, H_3C
41	H_3C—CH=C—CH_2—CH_2—CH_3
42	HC≡C—CH_2—CH_2—CH_2—CH_2—CH_3
43	H_2C—C≡C—CH_2—CH_2—CH_2—CH_3, CH_3

4.4.2. Cas des alcynes qui possèdent des ramifications

Les règles à appliquer ici seront vraiment les mêmes que pour les alcènes ramifiés.

Exemple guidé :

$$H_3C \text{——} C \equiv C \text{——} HC \begin{array}{c} CH_3 \\ \\ CH_3 \end{array}$$

1. La chaine principale contient 5 atomes de carbones.

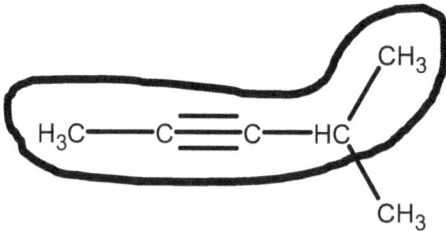

2. On numérote pour que la triple liaison ait l'indice le plus faible possible.

$$\underset{1}{H_3C} \text{——} \underset{2}{C} \equiv \underset{3}{C} \text{——} \overset{4}{HC} \overset{\overset{5}{CH_3}}{\underset{CH_3}{\diagup}}$$

3. On nomme les différentes parties :
   - La ramification « **4-méthyl** »
   - La chaine principale : « **pent-2-yne** »

4. On construit le nom en assemblant : « **4-méthylpent-2-yne** »

Entraine toi !

44	H₃C—C≡C—HC—CH₃ / CH₂—CH₃

| 45 | HC≡C—CH(CH₃)—CH₂—CH(CH₃)—CH₃ |

| 46 | |

| 47 | |

| 48 | H₃C—C(CH₃)(CH₃)—C≡CH |

4.4.3. Cas des molécules qui possèdent plusieurs triples liaisons

Lorsqu'une molécule va posséder plusieurs triples liaisons sur sa chaine principale, on va ajouter un préfixe à la terminaison qui va indiquer combien il y a de triples liaisons sur la chaine principale de la molécule.

Nb de triples liaisons	Terminaison
2	diyne
3	triyne

Tableau 4: Préfixes à rajouter en cas de multi triples liaisons

Exemple guidé :

1. La chaine principale contient 6 atomes de carbones.

2. La numérotation qui accorde la somme la plus petite aux indices est la suivante :

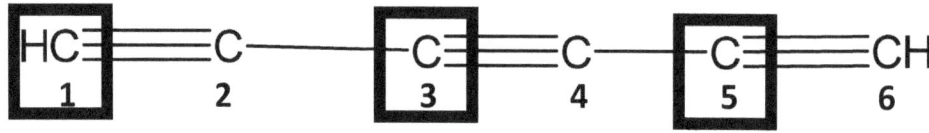

3. La molécule est donc du « **hexa-1,3,5-triyne** »

Note :
Comme il est impossible de former un triyne de 6 atomes de carbones avec des indices différents du **hexa-1,3,5-triyne,** on peut simplement le nommer **hexatriyne.**

Entraine toi !

49	H_3C—C≡C—C—C≡C—HC—CH_3 / CH_3
50	HC≡C—C≡C—C≡C—CH_3
51	H_3C—C≡C—C≡C—HC— with H_3C—CH_2 and CH_2—CH_3
52	H_3C—C≡C—C≡C—C— with CH_3, CH_2—CH_3, H_2C—CH_3
53	HC≡C—CH—C≡CH with H_2C—CH_3

4.5. <u>On mixte : doubles liaisons et triples liaisons (postbac)</u>

Pour les lycéens qui lisent ce cahier, il y a vraiment très peu de « chances » de tomber sur une molécule de ce type.

On numérote toujours de telle sorte que la somme des numéros attribuée aux insaturations soit la plus petite possible. En cas de double possibilité, c'est le choix avec la double liaison qui possède l'indice le plus bas qui l'emporte.

<u>Exemple :</u>

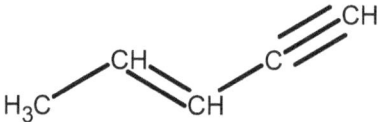

1. La chaine principale contient 5 atomes de carbones, 1 double liaison et 1 triple liaison.

2. La numérotation qui accorde la somme la plus petite aux indices est la suivante :

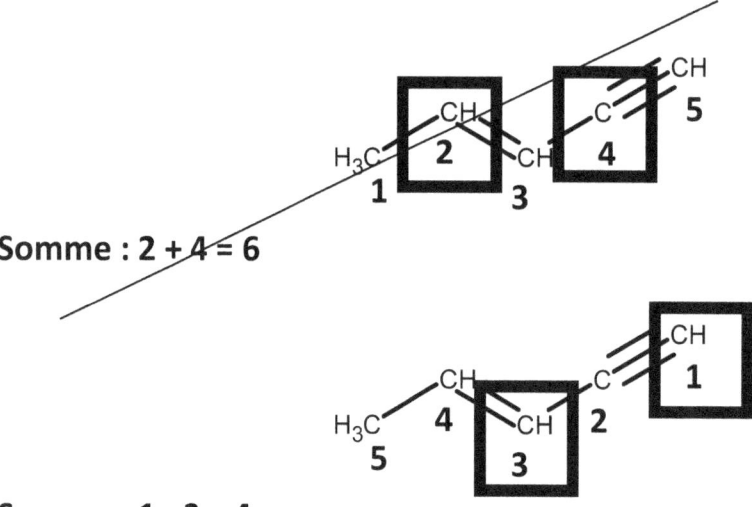

Somme : 2 + 4 = 6

Somme : 1 + 3 = 4

3. On nomme la molécule :

« Pent-3-en-1-yne »

Entraine toi !

54	H_3C——C≡≡C——CH CH_2
55	HC≡≡C——CH==CH——CH_2——CH_3
56	H_3C CH——C≡≡C——CH H_3C CH_2
57	H_2C==CH——C≡≡CH

5. Hydrocarbures monocycliques saturés et insaturés

Monocyclique : chaine carbonée qui forme un cycle.

5.3. Hydrocarbures monocycliques saturés

Exemples en vrac :

Pour nommer une molécule qui est constituée uniquement par un cycle carboné, on ajoute « **cyclo** » devant le nom de la molécule acyclique saturé correspond.

Exemples guidés :

Cette molécule est constituée d'un cycle de 6 atomes de carbone. Il s'agit donc d'un **hexane**. Puisque la molécule est un monocyclique, on ajoute « **cyclo** » devant.

cyclohexane

$$CH_2$$

$$H_2C \qquad CH_2$$

$$CH_2 \longrightarrow CH_2$$

Cette molécule est constituée d'un cycle de 5 atomes de carbone. Il s'agit donc d'un **pentane**. Puisque la molécule est un monocyclique, on ajoute « **cyclo** » devant.

cyclopentane

Si la molécule possède des ramifications sur le cycle, on utilisera les mêmes règles utilisées précédemment.

Exemple guidé n°1 :

$$CH_2$$

$$H_2C \qquad CH \longrightarrow CH_3$$

$$H_2C \qquad CH_2$$

$$CH_2$$

Cette molécule comporte un cycle de 6 atomes de carbone, « cyclohexane ».
Il y a une ramification **méthyle**.

Méthylcyclohexane

Note :

Il n'y a pas besoin de préciser la numérotation de la ramification, toutes les possibilités seront la même molécule lorsqu'il n'y a qu'une seule ramification sur un cycle.

Exemple guidé n°2 :

Cette molécule comporte un cycle de 6 atomes de carbone, « **cyclohexane** ».

Il y a 2 ramifications **méthyle** et une ramification **éthyle**. Nous sommes obligés ici de préciser la numérotation pour la différencier d'autres molécules. Les règles utilisées seront rigoureusement les mêmes que lors des précédents chapitres.

2-éthyl-1,4-diméthylcyclohexane

Entraine toi !

58	
59	
60	
61	

5.4. <u>Hydrocarbures monocycliques insaturés</u>

<u>Exemples en vrac :</u>

On nomme de la même manière qu'un monocyclique saturé, la terminaison sera simplement ène, diène, yne, diyne etc... tout comme nous l'avons vu avec les molécules acycliques.

<u>Exemples guidés n°1 :</u>

Cette molécule comporte un cycle de 6 carbones et une insaturation (double liaison), « **cyclohexène** ».

Exemples guidés n°2 :

Cette molécule comporte un cycle de 4 atomes de carbone et 2 insaturations (double liaison).

La molécule acyclique correspond est du « **buta-1,3-diène** »

La molécule cyclique est donc « **cyclobuta-1,3-diène** ».

Entraine toi !

62	
63	
64	
65	

5.5. <u>Hydrocarbures monocycliques aromatiques</u>

Aromatique : Molécule qui possède un où des cycles et qui en plus vérifie plusieurs conditions dont notamment une alternance entre les doubles liaisons.

Benzène   **Toluène**

La plupart de ces molécules auront un nom usuel. Pas de secret ici, il faut soit le connaitre, soit qu'on nous le donne. La nomenclature ne t'aidera en général pas tellement avec les HC aromatiques.

6. Les fonctions chimiques

6.3. Principes de base

Jusque-là, nous avons nommé des molécules qui possèdent uniquement des atomes de carbone et d'hydrogène. Il est temps de passer à des molécules qui possèdent d'autres atomes : oxygène, et azote notamment. On va ici pouvoir créer ce qu'on appelle « **des fonctions chimiques** ».

Pour nommer une molécule qui possède une ou des fonctions chimiques, on utilise les règles suivantes (dans l'ordre) :
1. Déterminer la fonction principale qui nous indiquera le suffixe
2. On nomme les substituants
3. On numérote les substituants
4. On forme le nom de la molécule en assemblant les substituants dans l'ordre alphabétique

Lorsqu'il n'y a qu'un groupe fonctionnel, le nom de la molécule sera assez simple à choisir. Le cas se complique lorsqu'on en a plusieurs. Mais on va voir tout ça à travers des exemples !

La fonction principale doit être sur la chaine principale.

Dans tous les cas, le tableau suivant est à connaitre sur le bout des doigts.

Classe	Formule	Préfixe (si fonction secondaire)	Suffixe (si fonction principale)
Acide carboxylique			Acide.... oïque
Ester			.... Carboxylate de R ... oate de R
Amide			-amide
Aldéhydes		Oxo-	-al
Cétones		Oxo-	-one
Alcools	R—OH	Hydroxy-	-ol
Amines		Amino-	-amine

Tableau 5: Principales fonctions chimiques et préfixes et suffixes par ordre de priorité

Les groupes fonctionnels sont classés par ordre de priorité. Ainsi, si tu as une molécule qui comporte une fonction acide carboxylique:

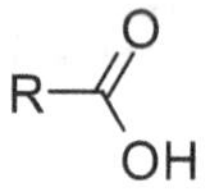

$$R\overset{\displaystyle O}{\underset{\displaystyle OH}{-C}}$$

Et une fonction alcool :

$$R\text{---}OH$$

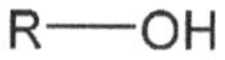

C'est l'alcool carboxylique qui l'emporte car il est prioritaire.

Une molécule comportant ces 2 fonctions aura un nom de la forme suivante :

Acide ….. hydroxy…. oïque

6.4. Alcools

6.4.1. Si c'est le groupe principal

Le suffixe sera **« -ol »**

Exemple guidé :

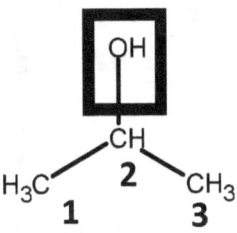

1. La molécule ne possède qu'un groupe fonctionnel, c'est donc le groupe principal.

2. Il s'agit d'une molécule composée de 3 atomes de carbone → **« prop »** avec une fonction alcool portée par l'atome de carbone n°2.

3. On nomme la molécule :

« Propan-2-ol »

6.4.2. Si c'est le groupe secondaire

Le préfixe sera « **hydroxy-**»

Exemple guidé :

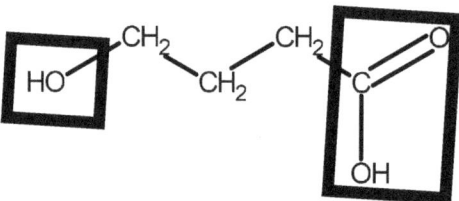

1. La molécule possède 2 groupes fonctionnels : alcool et acide carboxylique. Le groupe acide carboxylique étant prioritaire, la molécule est un acide carboxylique.

2. Il s'agit d'une molécule qui se compose d'une chaine carbonée de 4 atomes de carbone. C'est donc un **acide butanoïque.**

Le groupe secondaire alcool est porté par l'atome de carbone n°4.
« 4-hydroxy »
3. On assemble le nom :

« acide 4-hydroxybutanoïque »

Entraine toi !

66	OH | CH H₃C CH₂—CH₃

67	OH
	|
	CH
	H₃C CH₂ CH₂ CH—CH₃
	           |
	           OH

68	H₃C—CH₂—CH₂—OH

69	HO—CH₂—CH₂—CH₂—C=O
	                |
	                OH

70	OH
	|
	H₃C—CH₂—C—CH—CH₂—CH₃
	       ||
	       O

6.5. Aldéhydes
6.5.1. Si c'est le groupe principal

Le suffixe sera « -al »

Exemple guidé n°1 :

La chaine carbonée principale comporte 3 atomes de carbone.
« propanal »

Exemple guidé n°2 :

1. La chaine principale comporte 4 atomes de carbone.

2. On numérote la molécule :

La ramification **éthyle** est portée par l'atome de carbone n°2 de la chaine principale.

3. On nomme la molécule :

    « **2-éthylbutanal** »

6.5.2. Si c'est le groupe secondaire

Le préfixe sera « **oxo-**»

Exemple guidé :

1. La chaine principale comporte 4 atomes de carbone, 1 groupe acide et 1 groupe aldéhyde. Le groupe acide étant prioritaire, la molécule est un acide.
2. On numérote la molécule :

L'aldéhyde étant portée par l'atome de carbone n°4 de la chaine principale et étant une fonction secondaire, le préfixe sera « **4-oxo** ».

3. On nomme la molécule :

    Acide 4-oxobutanoïque

Entraine toi !

71	
72	
73	
74	
75	

6.6. Cétones

Note :
Attention à ne pas confondre cétones et aldéhydes. Dans les 2 cas on retrouve un oxygène avec une double liaison sur un atome de carbone. MAIS, dans le cas d'un aldéhyde l'oxygène est sur un atome de carbone en bout de chaine, alors que l'atome d'oxygène de la cétone est sur la chaine carbonée.

6.6.1. Si c'est le groupe principal

Le suffixe sera **« -one »**

Exemple guidé :

La chaine carbonée principale comporte 3 atomes de carbone et une fonction cétone sur l'atome de carbone n°2 de la chaine principale.

Propan-2-one

6.6.2. Si c'est le groupe secondaire

Le préfixe sera « **-oxo** »

Exemple guidé :

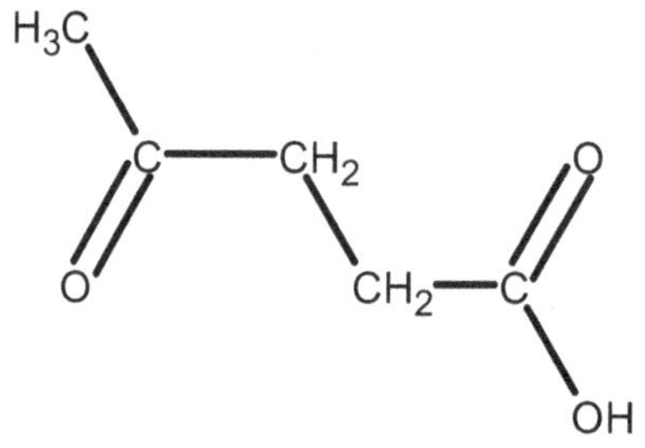

1. La chaine principale comporte 5 atomes de carbone, 1 groupe acide et 1 groupe cétone. Le groupe acide étant prioritaire, la molécule est un acide.
2. On numérote la molécule :

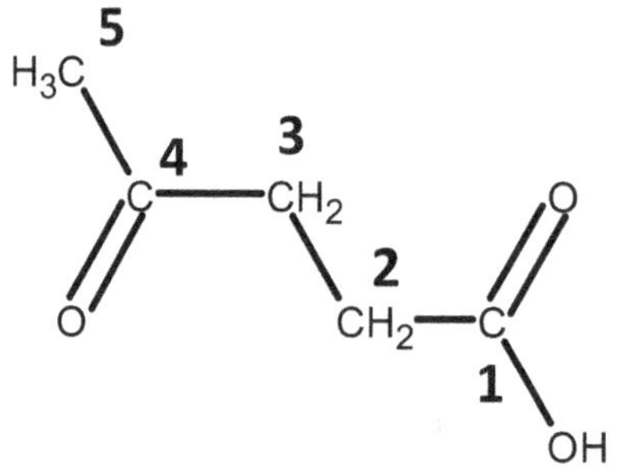

La cétone étant portée par l'atome de carbone n°4 de la chaine principale et étant une fonction secondaire, le préfixe sera « **4-oxo** ».

3. On nomme la molécule :

Acide 4-oxopentanoïque

Entraine toi !

76	
77	
78	
79	
80	

6.7. Acide carboxyliques

Le suffixe sera **« acide ... -oïque »**.

Exemple guidé :

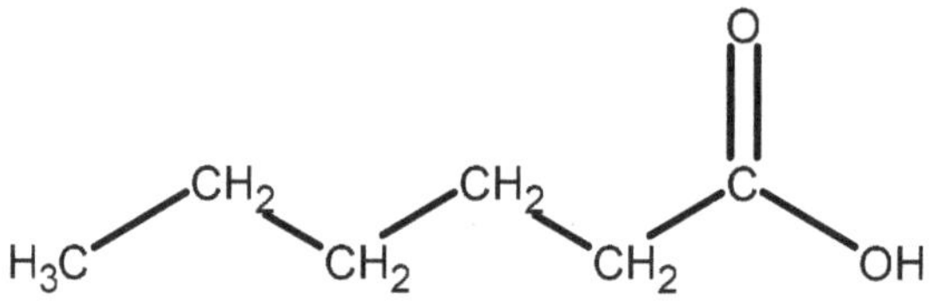

La chaine carbonée la plus longue comporte 6 atomes de carbone.
Une fonction acide carboxylique étant portée par le 1er atome de carbone de la chaine, on ne précise pas le numéro dans le nom de la molécule.
On a ici de « **l'acide hexanoïque** ».

81	
82	
83	
84	

6.8. Esters

Le suffixe sera **« -oate de R' »**.
Particulièrement pour les esters, le mieux est encore de voir cela à travers un exemple.

Exemple guidé :

L'atome d'oxygène qui est sur la chaine va en quelques sortes délimiter deux parties :
- La partie avec le deuxième atome d'oxygène avec la double liaison : cela formera la première partie du nom de l'ester : la chaine principale de la molécule.

Cette partie comporte 3 atomes de carbone → **propan** auquel on accole « **oate** ».

propanoate

- La partie sans le deuxième atome d'oxygène : il formera la deuxième partie du nom, qui peut être vue comme une ramification.

Cette partie comporte 4 atomes de carbone → **butyle**

La molécule est du **propanoate de butyle.**

Entraine toi !

85	H$_3$C—C(=O)—O—CH$_3$
86	CH$_3$—H$_2$C—C(=O)—O—CH$_2$—CH$_3$
87	CH$_3$—H$_2$C—C(=O)—O—CH$_2$—CH(CH$_3$)—CH$_2$—CH$_3$
88	H$_3$C—C(=O)—O—CH$_2$—OH

6.9. Amines
6.9.1. Si c'est le groupe principal

Le suffixe sera « **-amine** ».

On rencontre 3 grandes familles d'amines :
- Les **amines primaires**

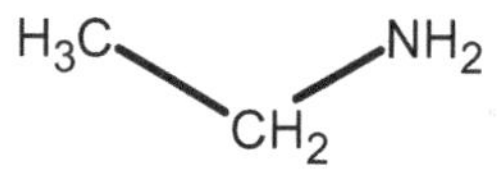

$$H_3C \diagdown_{CH_2} \diagup NH_2$$

- Les **amines secondaires**

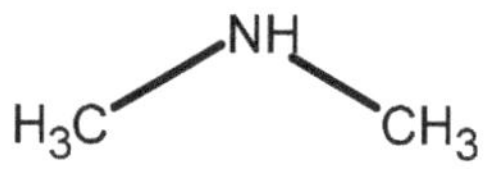

$$H_3C \diagdown_{} \overset{NH}{} \diagup CH_3$$

- Les **amines tertiaires**

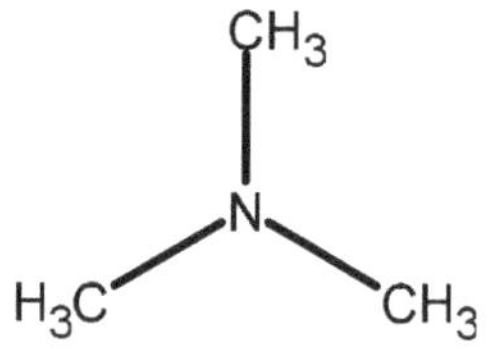

$$\begin{array}{c} CH_3 \\ | \\ H_3C \diagdown N \diagup CH_3 \end{array}$$

Note :

Comme tu le vois sur les exemples, l'adjectif primaire, secondaire, tertiaire va préciser le nombre de liaisons que l'atome d'azote réalise avec des atomes autres que l'hydrogène.

Les méthodes pour nommer ces 3 familles d'amines vont être légèrement différentes.

Exemple guidé : amine primaire

$$H_3C-CH_2-CH_2-NH_2$$

La chaine carbonée comporte 3 atomes de carbone : **propane.**
La fonction amine est portée par l'atome de carbone n°1 de la chaine principale, il s'agit de plus d'une amine primaire.

Propan-1-amine

Dans le cas d'une amine primaire, tu n'es pas obligé de préciser la position de l'amine, qui est forcément sur l'atome n°1 de carbone.

propanamine

Exemple guidé : amine secondaire

$$H_3C-NH-CH_2-CH_3$$

La fonction amine est sur la chaine carbonée. L'atome d'azote réalise 2 liaisons avec 2 atomes de carbone, il s'agit donc d'une amine secondaire.

Dans ce cas, tu peux visualiser la molécule coupée en 2 par l'atome d'azote:

$$H_3C-N{\mid}H-CH_2-CH_3$$

La chaine carbonée la plus longue restante donnera la structure de base et le reste sera traité comme une ramification partant de l'atome N.

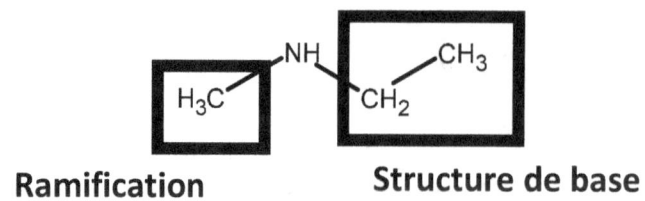

Ramification   **Structure de base**

- Structure de base : éthanamine
- Ramification : méthyl portée par l'atome N, donc N-méthyl

Nom de la molécule : **N-méthyléthanamine**

Exemple guidé : amine tertiaire

La fonction amine est sur la chaine carbonée. L'atome d'azote réalise 3 liaisons avec 3 atomes de carbone, il s'agit donc d'une amine tertiaire.

Dans ce cas, tu peux visualiser la molécule coupée en 3 par l'atome d'azote:

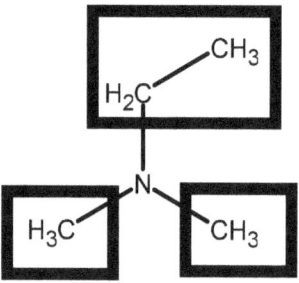

La chaine carbonée la plus longue restante donnera la structure de base et les autres blocs seront traités comme des ramifications partant de l'atome N.

- Structure de base : éthanamine
- Ramification : 2 méthyl portée par l'atome N, donc N,N-diméthyl

Nom de la molécule : **N,N-diméthyléthanamine**

Note :
Pour les amines secondaires et tertiaires, il faut préciser la position de la fonction amine dès que c'est nécessaire (ex : propan-1-amine)

6.9.2. Si c'est le groupe secondaire

Le préfixe sera « **amino-** ».

Exemple guidé :

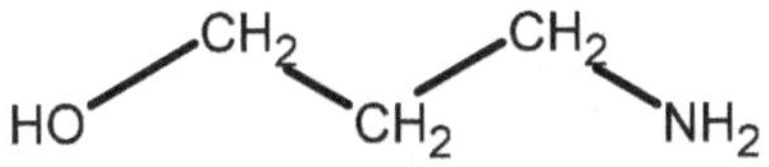

La chaine carbonée comporte 3 atomes de carbone : **propane.**
La fonction amine est portée par l'atome de carbone n°3 de la chaine principale, le carbone n°1 comporte lui une fonction alcool qui est prioritaire.

La molécule est donc nommée **3-aminopropan-1-ol**

Entraine toi !

89	H_3C—CH_2 CH—CH_2 H_3C CH_2—NH_2
90	H_2C=CH CH_2—NH_2
91	CH_3 NH_2 H_3C—C—CH_2 H_3C C O
92	NH_2 CH_2—HC H_3C CH—CH_2 H_2N CH_2—C O OH
93	CH_2 CH_2 CH_3 H_3C NH CH_2
94	CH_2 CH_2 CH_2 H_3C N CH_2 CH_3 CH_3

6.10. Amides

Le suffixe sera « -amide ».

On rencontre 3 grandes familles d'amides :

- Les **amides primaires**

- Les **amides secondaires**

- Les **amides tertiaires**

> **Note :**
> Comme tu le vois sur les exemples, l'adjectif primaire, secondaire, tertiaire va préciser le nombre de liaisons que l'atome d'azote réalise avec des atomes autres que l'hydrogène.

Les méthodes pour nommer ces 3 familles d'amides vont être légèrement différentes. La règle sera la même que pour la famille des amines, aussi nous te renvoyons à ce chapitre pour plus de détails si tu as du mal avec les exercices.

Exemple guidé n°1 :

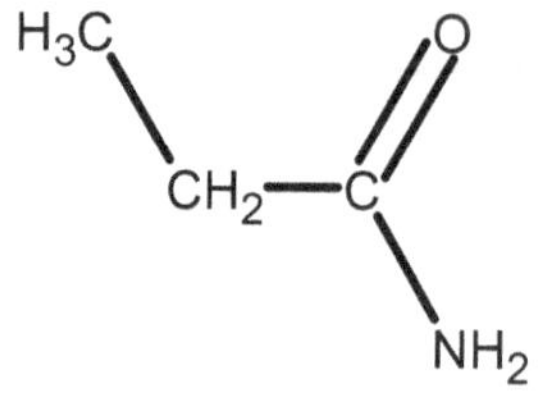

H₃C — CH₂ — C(=O) — NH₂

La chaine carbonée comporte 3 atomes de carbone : **propane.**
Il s'agit d'un amide primaire :

Propanamide

Exemple guidé n°2 :

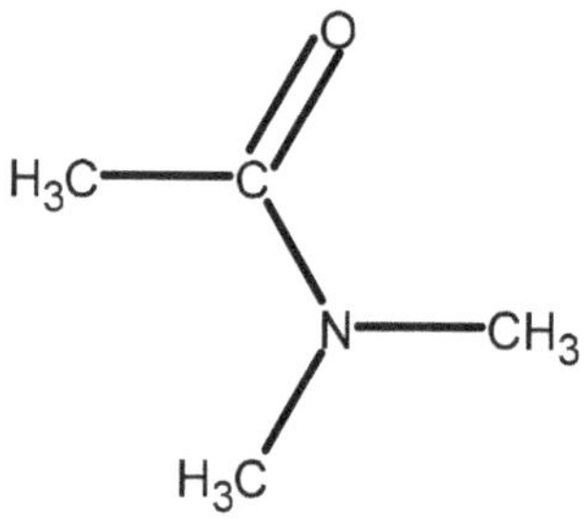

H₃C — C(=O) — N(—CH₃)(—H₃C)

L'azote de la fonction amide réalise 3 liaisons avec 3 atomes de carbone. Il s'agit donc d'un amide tertiaire.

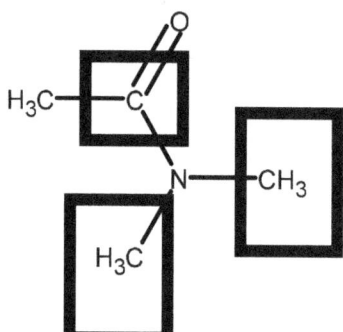

La chaine carbonée la plus longue restante donnera la structure de base et les autres blocs seront traités comme des ramifications partant de l'atome N.

- Structure de base : éthanamide
- Ramification : 2 méthyl portée par l'atome N, donc N,N-diméthyl

Nom de la molécule : N,**N-diméthyléthanamide**

95	
96	
97	
98	

6.11. Les halogènes

Les halogènes sont un groupe de 6 atomes du tableau périodique. Les plus fréquents en chimie organique sont notamment :
- Le chlore (Cl)
- Le fluor (F)
- Le brome (Br)
- L'iode (I)

Note :
Les halogènes ne sont prioritaires sur aucune fonction chimique. On les désigne toujours par des préfixes.

Halogène	Préfixe
Chlore	Chloro
Fluor	Fluoro
Brome	Bromo
Iode	Iodo

Tableau 6: Liste des préfixes pour les principaux halogènes

Exemple guidé n°1:

La chaine carbonée principale comporte 3 atomes de carbone (propane).
Le fluor est rattaché au 2ième atome de carbone de la chaine principale.

2-fluoropropane

<u>Exemple guidé n°2:</u>

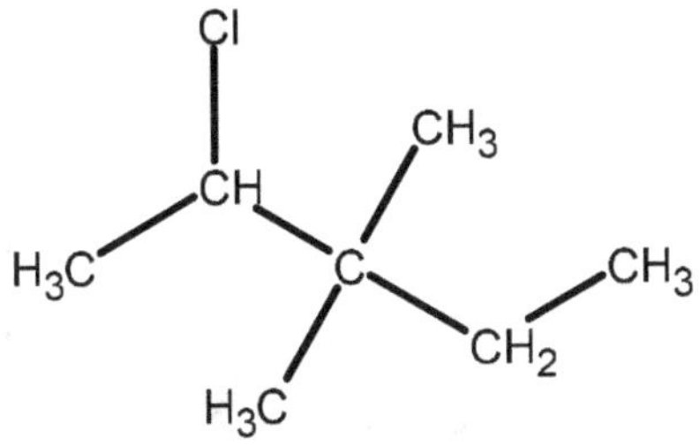

La chaine carbonée principale comporte 5 atomes de carbone « **pentane** ».

Le Chlore est rattaché au 2ième atome de carbone de la chaine principale. « **2-chloro** »

Les ramifications méthyles sont rattachées au 3ième atome de carbone. « **3,3-diméthyl** »

2-chloro-3,3-diméthylpentane

Entraine toi !

99	
100	

7. <u>Correction</u>

1) éthane

2) méthane

3) hexane

4) octane

5) propane

6) heptane

7) butane

8) 2-méthylpropane

9) 2-méthylbutane

10) 3-éthylhexane

11) 4-propylheptane

12) 3-méthylhexane

13) 2,3-diméthylbutane

14) 3-éthyl-3-méthylhexane

15) 2,2-diméthylbutane

16) 3,4,4-triméthylheptane

17) 3-éthyl-2-méthyl-4-propylheptane

21) éthène (en général appelé éthylène)

22) prop-1-ène (ou propène)

23) but-2-ène

24) but-1-ène

25) hex-3-ène

26) hept-1-ène

27) hex-2-ène

28) 2-méthylbut-2-ène

29) 3-méthylpent-1-ène

30) 3,6-diméthylhept-3-ène

31) 3-éthyl-3,4-diméthylhex-1-ène

32) 2,3,4-triméthylpent-2-ène

33) hexa-1,3,5-triène

34) octa-2,5-diène

35) 3-propylhexa-1,3-diène

36) 2,4-diméthylpenta-1,3-diène

37) 3-éthyl-2,4-diméthylhexa-1,3-diène

38) éthyne (mais tout le monde l'appelle acétylène)

39) but-2-yne

40) but-1-yne

41) hex-2-yne

42) hept-1-yne

43) oct-3-yne

44) 4-méthylhex-2-yne

45) 3,5-diméthylhex-1-yne

46) 3,4,5,5-tétraméthylhept-1-yne

47) 4-éthyl-4,5-diméthyloct-2-yne

48) 3,3-diméthylbut-1-yne

49) 6-méthylhepta-2,4-diyne

50) hepta-1,3,5-triyne

51) 6-éthylocta-2,4-diyne

52) 6-éthyl-6-méthylocta-2,4-diyne

53) 3-éthylpenta-1,4-diyne

54) pent-1-en-3-yne

55) hex-3-en-1-yne

56) 5-méthylhex-1-en-3-yne

57) but-1-en-3-yne

58) 1-éthyl-2-méthylcyclohexane

59) 1,3-diméthylcyclobutane

60) 1,2,4-triméthylcyclopentane

61) 1,2,3-triméthylcyclopropane

62) cyclopropène

63) cyclohex-1-ène-3-yne

64) cyclopentyne

65) 1,6-diméthylcyclohex-1-ène

66) butan-2-ol

67) hexane-2,5-diol

68) propan-1-ol

69) acide 4-hydroxybutanoïque

70) 4-hydroxyhexan-3-one

71) butanal

72) hex-3-enal

73) 2,2-diméthylbutanal

74) pentanedial

75) acide 3-méthyl-6-oxohexanoïque

76) 3-méthylpentan-2-one

77) 3-hydroxybutan-2-one

78) 3-éthyl-4,4-diméthylpentan-2-one

79) 3-oxobutanal

80) hex-4-ène-2-one

81) acide 2-méthylbutanoïque

82) acide 2-méthylpent-3-énoïque

83) acide pentanedioïque

84) acide 4,4-diméthyl-3-propylhexanoique

85) éthanoate de méthyle

86) propanoate d'éthyle

87) propanoate de 2-méthylbutyle

88) éthanoate d'hydroxyméthyle

89) 3-méthylpentan-1-amine

90) prop-2-en-1-amine

91) 1-amino-3,3-diméthylbutan-2-one

92) acide 4,5-diaminoheptanoïque

93) N-éthylpropan-1-amine

94) N-éthyl-N-méthylbutan-1-amine

95) N-méthylpropanamide

96) N,N-diméthylpropanamide

97) 2-hydroxy-N-méthyléthanamide

98) pentanamide

99) 4-chloro-2-fluoropentan-1-ol

100) acide 7-bromo-6-éthyl-4-hydroxyoctanoïque

8. <u>Notes</u>